DEUTSCHE AKADEMIE DER WISSENSCHAFTEN ZU BERLIN
VORTRÄGE UND SCHRIFTEN
HEFT 81

WOLFGANG LANGENBECK

DIE BEDEUTUNG J. H. VAN'T HOFFS FÜR DIE THEORETISCHE CHEMIE

Mit 7 Abbildungen

AKADEMIE-VERLAG · BERLIN
1962

Vortrag,
gehalten anläßlich des 50. Todestages
J. H. van't Hoffs
in der Sitzung der Klasse für Chemie,
Geologie und Biologie
der Deutschen Akademie der Wissenschaften zu Berlin
am 15. Februar 1962

Erschienen im Akademie-Verlag GmbH, Berlin W 8, Leipziger Straße 3-4

Lizenznummer: 202 · 100/419/62
Gesamtherstellung: IV/2/14 · VEB Werkdruck Gräfenhainichen · 1852
Bestellnummer: 2003/81 · ES 18 C 1 · Preis: 2,70 DM

Am 1. März 1911, vor etwas mehr als 50 Jahren, schloß das Mitglied der Berliner Akademie, Jacobus Henricus van't Hoff für immer die Augen. Wir erfüllen nicht nur eine Ehrenpflicht, wenn wir heute seiner gedenken, sondern sein Werk hat uns auch jetzt noch viel zu sagen.

Abb. 1

Was für ein Mann war van't Hoff? Sicherlich eine ungewöhnliche Persönlichkeit, denn nur selten ist ein Wissenschaftler so sehr geehrt worden wie er. Um mit den Äußerlichkeiten zu beginnen, so war er Mitglied von nicht weniger als 52 wissenschaftlichen Gesellschaften und Akademien, 16 davon hatten ihn zu ihrem Ehrenmitglied gewählt. Er war Träger des Nobelpreises, der Helmholtz-Medaille und des Ordens Pour le mérite für Wissenschaften und Künste, und 10 Fakultäten verliehen ihm die Ehrendoktorwürde. Aber freilich sagt uns das nichts Näheres über sein menschliches Wesen. Etwas weiter kommen wir vielleicht schon, wenn wir seine Bildnisse aus der Jugend und aus seinen reiferen Jahren betrachten. Man braucht kein großer Psychologe zu sein, um festzustellen, daß in diesem 19jährigen Studenten (Abb. 1) etwas Besonderes steckt. Sicher wird er einmal kein Bücherwurm sein, sondern eher eine Künstlernatur, und das bestätigen auch die beiden Bildnisse aus späterer Zeit (Abb. 2 und 3).

Unser Thema betont zwar das wissenschaftliche Werk des großen Gelehrten, aber wir würden kaum zu einem richtigen Verständnis von van't Hoffs Art des Schaffens gelangen, wenn wir nicht zuvor einen Blick auf seine menscliche Entwicklung werfen würden. Glücklicherweise können wir uns dabei auf seine Jugend beschränken, auf die Zeit, als er noch im Werden war. Es wäre langweilig und pedantisch, auch die späteren Lebensdaten gewissenhaft aufzuführen. Das ist ja auch der Grund, warum fast alle Selbstbiographien in Wirklichkeit Jugenderinnerungen sind. In späteren Jahren ist nur noch das Werk von allgemeinem Interesse.

In der Nähe der holländischen Stadt Dordrecht liegt ein kleines Gehöft, das im Volksmunde „Het Hof" genannt wurde. Von diesem Gut trug die Familie van't Hoff ihren Namen. Die unmittelbaren Vorfahren des Physikochemikers waren keine Landwirte mehr, sondern meist Verwaltungsbeamte. Es ist aber sehr bezeichnend für die vererbte Tüchtigkeit der Familie, daß Glieder von ihr 150 Jahre ununterbrochen in ihrem Heimat-

Abb. 2

Abb. 3

dorfe das Amt des Schultheißen innehatten. Der Vater von Jacobus Henricus wirkte in Rotterdam als Arzt. Sein Söhnchen, das später so berühmt werden sollte, wurde dort am 30. August 1852 geboren. Der kleine „Henry", wie er meist genannt wurde, zeigte in der Schule frühzeitig eine ausgesprochene Neigung und Begabung für die exakten naturwissenschaftlichen Fächer. Er war aber auch sonst ein vorzüglicher Schüler, ganz anders als Justus Liebig, der nur Sinn für seine Chemie hatte. Man sieht also, daß man aus den Schulleistungen nicht das kommende Genie erkennen kann, sie können ebensowohl gut als schlecht sein. Henrys erste geniale Tat, von der uns berichtet wird, bestand darin, daß er sonntags in das Schulgebäude einbrach, um dort im Chemiesaal selbständig Versuche anzustellen. Höheren Ortes fand das natürlich nicht die verdiente Anerkennung, wie immer in solchen Fällen. Die chemischen Versuche mußten also in die elterliche Wohnung verlegt werden. Später war Hoogewerf sein Chemielehrer, dessen Name in der chemischen Literatur wohlbekannt ist. Er stellte Henry kurz vor dem Abiturientenexamen die Frage, wie weit die chemische Synthese reiche, und erhielt prompt die bemerkenswerte Antwort: „Bis zur lebenden Zelle".

Es folgte nun Henrys Chemiestudium am Polytechnikum in Delft. Sehr überraschend ist, daß er sich gleich einer besonderen Liebhaberei ergab, er ging nämlich bei einem Tischlermeister in die Lehre. Überhaupt schwärmte er damals für das Praktische, zu dem er doch am allerwenigsten berufen war. Er ahnte selbst noch nicht, daß in ihm ein großer Theoretiker steckte. Ganz modern mutet es uns an, daß er in den Sommerferien nach seinem ersten Studienjahr in eine Zuckerfabrik ging und die Kampagne mitmachte. Seine Begeisterung für das Praktische erhielt hier allerdings den ersten Stoß. Zu seiner größten Überraschung kam er zu der Überzeugung, daß diese Art Technik eigentlich recht eintönig wäre. Damals keimte in ihm der Drang, sich ganz der reinen Wissenschaft zu widmen, womit er allerdings bei seinen Eltern zunächst nur ein skeptisches Lächeln hervorrief. Hierdurch weder gekränkt noch entmutigt ging er nun mit Riesenschritten in seine eigentliche geistige Entwicklungsperiode hinein.

Es begann damit, daß er sich mit eiserner Energie der Differential- und Integralrechnung widmete. Wenn man weiß, daß auch heute noch die meisten Chemiestudenten sich mehr pflichtgemäß als aus Begeisterung mit Mathematik beschäftigen, so wird man verstehen, daß diese „abwegige" Leidenschaft bei Henrys Mitstudenten erhebliches Aufsehen erregte. Aber er fing eben an, dunkel zu ahnen, daß er alle diese Dinge später einmal dringend benötigen würde.

Der zweite entscheidende Schritt war seine Berührung mit der Philosophie. Und zwar war es der französische Philosoph Auguste Comte, der ihn ausschließlich fesselte. Eine Art von gefühlsmäßiger Einseitigkeit, die man fast eine Monomanie nennen könnte, finden wir bei van't Hoff immer wieder, aber auch bei anderen genial veranlagten Naturen. Er ergriff mit Leidenschaft nur das, was er für sein Werk brauchte. Seine Begeisterung für Comte werden wir aber verstehen, wenn wir hören, wie dieser Philosoph sich schon 1838 in seinem „Cours de philosophie positive" über den Weg zu einer rationelleren Forschung in der Chemie äußert: „Wenn die unmittelbaren Beziehungen der Chemie zur mathematischen Wissenschaft und sogar zur Astronomie notwendigerweise unter dem Gesichtspunkt der Lehre nicht sehr beträchtlich sind, so wird es sich doch in bezug auf die Methode durchaus nicht so verhalten. In diesem neuen Sinne ist es im

Gegenteil leicht zu erkennen, daß eine ausreichende vorherige Bekanntschaft mit dem Geiste der Mathematik und mit der Philosophie der Himmelskunde bei den Chemikern unausbleiblich den größten und wohltätigsten Einfluß auf das Verständnis und die Pflege der Chemie ausüben würde. In der Folge würde es ihre spätere Verwollkommnung sehr beschleunigen." Von Comte hat van't Hoff sogar unmittelbar gewisse Anregungen für seine spätere Forschung übernommen. Jedenfalls verstehen wir nun auch, wie es zu seinem intensiven Mathematikstudium kam.

Vielleicht ebenso wichtig für Henrys innere Entwicklung war seine erste Bekanntschaft mit Lord Byrons Werken. Eine solche Bemerkung mag zunächst übertrieben scheinen, handelt es sich doch hier um reine Belletristik, die mancher zu seinem Vergnügen nebenbei liest, ohne daß sein inneres Leben dadurch verändert würde. Bei dem jungen van't Hoff war es aber anders, und das ist gerade das interessante an dieser Seite seines Geisteslebens. Es kam bald soweit, daß er ganz in seinem Dichter aufging und ihn als ein Abbild und Vorbild seiner eigenen Persönlichkeit empfand. Er ergab sich mit Wonne dem Byronschen Weltschmerz, fühlte sich gewissermaßen selbst als eine Art Manfred, und lernte bald Byrons genialstes Werk, den leichtsinnig-ironischen Don Juan ganz auswendig. Ein solches leidenschaftliches Aufgehen in Kunstwerken gibt es sonst eigentlich nur in der Musik. Aber dagegen war Henry ziemlich immun. Er war zwar durchaus musikalisch und hörte gern Konzerte, aber nur, wie er später einmal äußerte, „weil man dabei so schön an andere Dinge denken kann". Die Leidenschaft für Byron aber verirrte sich zuweilen ins leicht Komische. So ahmte er sein Vorbild darin nach, daß er sich auch einen Hund anschaffte, und seiner Mutter bekannte er in einem Briefe: „So viel ist gewiß, hätte Byron keinen Hund gehabt, so würde ich auch keinen haben, und hätte Alkibiades nicht einen gehabt, wir hätten keiner von beiden einen gehabt. Aber wenn Byron einen Esel geliebt hätte, so würde ich mir keinen suchen!" Es mag abwegig erscheinen, solche kleinen Schwächen hier zu erwähnen, und doch sagen sie dem, der sie versteht, viel über die Wesensart van't Hoffs aus, der immer zum Extremen und Unbedingten strebte, wenn auch hier nur zur unbedingten Verehrung seines Dichters.

Aber wie stand es nun eigentlich um Henrys chemische Arbeiten in Delft? Seine Mitstudenten erkannten gewiß seine geistige Überlegenheit an, aber im Laboratorium galt er allgemein als ziemlich ungeschickt. Und so wird es wohl auch gewesen sein. Er war von Haus aus kein Experimentator, ihm fehlte sowohl die ursprüngliche Begabung als auch die Begeisterung dafür. Erst später eignete er sich mit großer Zähigkeit die benötigten physikalisch-chemischen Meßmethoden an. Seine letzten Arbeiten über die ozeanischen Salzablagerungen waren zwar experimentell, aber stellten keine großen labortechnischen Anforderungen an ihn. Seine besondere Begabung war eben der Sinn für die Auffindung umfassender Theorien, das dürfen wir vorgreifend schon jetzt festhalten.

Im Oktober 1871 bezog Henry die Universität Leyden, wo er im folgenden Jahre das Kandidatenexamen ablegte. Dann kam wieder eine interessante Lebensperiode. Henry zog nach Bonn zu Kekulé. Die Bonner Zeit beginnt, wie es bei Henrys romantischer Natur zu erwarten war, mit einer jugendlichen Schwärmerei für seinen berühmten Chef. Sein Vater bekommt zu hören: „Es liegt etwas besonderes darin, jemand zu sehen, der berühmt ist. Ihn zu lieben ist pedantisch, ihn zu achten ist ein Gemeinplatz", usw. Aber bald regt sich bei ihm der Wille zur Selbständigkeit. Kekulé wollte ihm, wie es üblich ist, ein Thema aus seinem Arbeitsgebiet der Terpene geben, aber Henry „biß nicht an", wie er schrieb. Er suchte sich vielmehr ein eigenes Thema, das gar nicht so übel war. Er ließ nämlich Kaliumäthylat auf Oxalsäure einwirken und fand so eine neue Synthese der Propionsäure. Kekulé hat diesen Sprung in die Selbständigkeit offenbar voll gewürdigt, denn weit davon entfernt, gekränkt zu sein, schrieb er ihm vielmehr ein glänzendes Zeugnis aus.

Ein kurzer Aufenthalt Henrys in Paris bei Würtz hatte eigentlich nur das eine bemerkenswerte Ergebnis, daß er Le Bel kennenlernte. Dieser ältere Fachgenosse stellte sehr bald unabhängig von van't Hoff die gleiche Theorie auf, die uns nun beschäftigen soll. Denn im Jahre 1874 begann Henrys eigentliches Forscherleben.

In diesem Jahre erschien nämlich eine Schrift in holländischer Sprache, die kaum 11 Seiten umfaßte, aber einen um so längeren Titel hatte. Er lautete in deutscher Übersetzung: „Vorschlag zur Ausdehnung der gegenwärtig in der Chemie gebrauchten Strukturformeln in den Raum, nebst einer damit zusammenhängenden Bemerkung über die Beziehung zwischen dem optischen Drehvermögen und der chemischen Konstitution organischer Verbindungen." Auf dem Titelblatt sucht man vergebens nach dem Namen des Verfassers, er erscheint aus Bescheidenheit erst am Schluß der Broschüre. Der Verfasser war der damals erst 22jährige van't Hoff. Bescheiden sind auch die einleitenden Worte der Schrift: „Ich erlaube mir, als vorläufige Mitteilung einige Gedanken auszusprechen, die zu einer Diskussion führen können; es ist mein Zweck, mir diese zunutze zu machen und in dieser Weise ersterer mehr Bestimmtheit und Ausdehnung zu verschaffen."

Wissenschaftliche Entdeckungen kommen häufig dadurch zustande, daß zwei weit auseinanderliegende Erscheinungen miteinander verknüpft werden. In unserem Falle verknüpfte van't Hoff die geometrische Erscheinung von unsymmetrischen und spiegelbildlichen Tetraedern mit der physikalisch-chemischen Erscheinung der optischen Isomerie. Wir wollen nun sehen, was es im einzelnen damit für eine Bewandnis hat.

Die Strukturformeln der organischen Chemie drücken symbolisch den Zusammenhang der Atome untereinander in einer Molekel aus. Da diese Formeln aber in Büchern abgedruckt sind, oder an die Tafel geschrieben werden, so liegen die Symbole der Atome und Atomgruppen immer in einer und derselben Ebene. In dem einfachsten Falle des Methans, CH_4, sieht die Strukturformel dann so aus (Formel I):

I 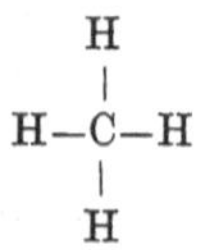

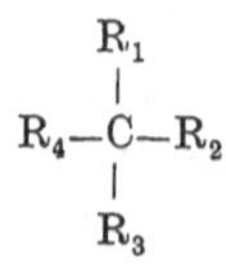 II

Wenn statt des Wasserstoffs vier verschiedene Reste R_1, R_2, R_3 und R_4 an dem Kohlenstoffatom gebunden sind, kommen wir zu der Strukturformel II. Es ist aber sehr unwahrscheinlich, daß die Natur ihre Molekeln alle völlig platt und eben gebaut haben sollte. Der Raum ist vorhanden und wird ausgenutzt. Die größte Wahrscheinlichkeit hat eine Formel des Methans, in der die vier Wasserstoffatome gleichmäßig im Raume verteilt sind. Verbindet man die Symbole der Wasserstoffatome miteinander, so erhält man die Kanten eines Tetraeders. Das ist ein geometrischer Körper, dessen vier Flächen gleichseitige Dreiecke sind. Man spricht deshalb von dem Tetraedermodell des Kohlenstoffs. Sind nun vier verschiedene Atome oder Atomgruppen an den Kohlenstoff gebunden, so wird das Tetraeder unsymmetrisch, wir haben dann ein sogenanntes asymmetrisches Kohlenstoffatom. Durch das Modell läßt sich nämlich keine Symmetrieebene legen, wohl aber kann man zwei Formen konstruieren, die im Verhältnis von Bild zu Spiegelbild stehen. Das sind alles rein geometrische Tatsachen. Wir wollen sie uns an den Originalabbildungen aus van't Hoffs Schrift noch einmal verdeutlichen (Abb. 4). Die Kanten des Tetraeders sind ausgezogen, in seiner Mitte befindet sich das Kohlenstoffatom C, und an den Ecken stehen die Gruppen R_1, R_2, R_3 und R_4, die in den beiden Tetraedern so angeordnet sind, daß Spiegelbilder entstehen.

Nun zu der zweiten Gruppe von Erscheinungen, der optischen Isomerie. Der Physiker versteht unter einem polarisierten Lichtstrahl einen solchen, dessen Schwingungen in einer einzigen Ebene ablaufen. Man kannte nun schon lange vor van't Hoff eine Anzahl von organischen Verbindungen, welche die merkwürdige Eigenschaft haben, die Ebene des proletarisierten Lichtes zu drehen oder „optisch aktiv" zu sein. Das bedeutet folgendes: Ein polarisierter Lichtstrahl, der z. B. in einer senkrecht stehenden Ebene schwingen möge, durchstrahlt eine Lösung des optisch aktiven Stoffes. Der austretende Lichtstrahl schwingt dann nicht mehr senkrecht, sondern in einem Winkel zur Senkrechten, der leicht zu messen ist. Er ist gedreht oder, genauer gesagt, verwunden worden, was man sich an einem Papierstreifen leicht veranschaulichen kann. Die Drehung kann entweder im Sinne des Uhrzeigers stattgefunden haben, oder umgekehrt, danach unterscheidet man rechts- und linksdrehende Stoffe. In einigen Fällen ist auch von Pasteur gezeigt worden, daß man zu einer rechtsdrehenden Substanz ein sogenanntes optisches Isomeres herstellen kann, das um genau den gleichen Winkel nach links dreht wie das andere Isomere nach rechts. Das ist die Erscheinung der optischen Isomerie, die sich mit den bisherigen Strukturformeln nicht erklären ließ. Isomerie ist allgemein die Erscheinung, daß Stoffe der gleichen Formel trotzdem verschieden sein können.

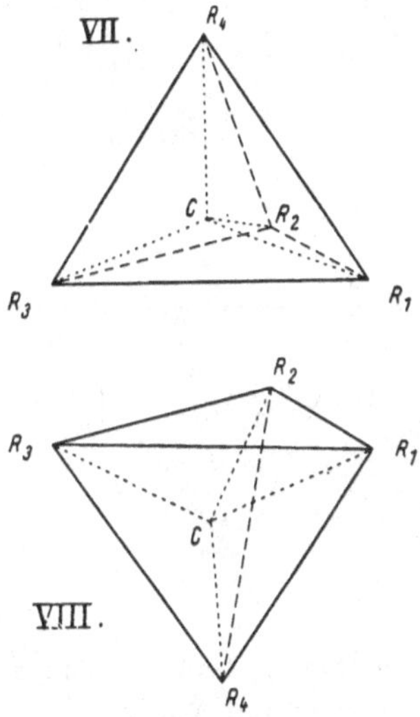

Abb. 4

Niemand hatte bisher daran gedacht, daß zwischen dem asymmetrischen Kohlenstoffatom und der optischen Isomerie eine Beziehung bestehen könnte. Die geistige Leistung des jungen van't Hoff bestand eben gerade darin, zwischen den beiden Erscheinungen eine Verbindung herzustellen. Er postulierte einfach: Die beiden optischen Isomeren entsprechen den beiden spiegelbildlichen Molekelmodellen mit asymmetrischem Kohlenstoffatom. Das bedeutete aber nichts anderes als die Behauptung, daß jede optisch aktive Verbindung ein asymmetrisches Kohlenstoffatom enthält, und das ließ sich leicht an der Erfahrung prüfen. Und es stimmte tatsächlich. Als van't Hoff die Strukturformeln von optisch aktiven Verbindungen durchmusterte, soweit sie damals bekannt waren, fand er immer mindestens ein asymmetrisches Kohlenstoffatom. Diese Feststellung hat sich bis heute an vielen Hunderten und Tausenden von Verbindungen immer wieder bewährt. Nur der Begriff der Molekelasymmetrie ist später noch hinzugekommen. Es gibt Molekeln, die kein asymmetrisches Kohlenstoffatom enthalten, aber trotzdem als ganzes asymmetrisch sind.

IX.

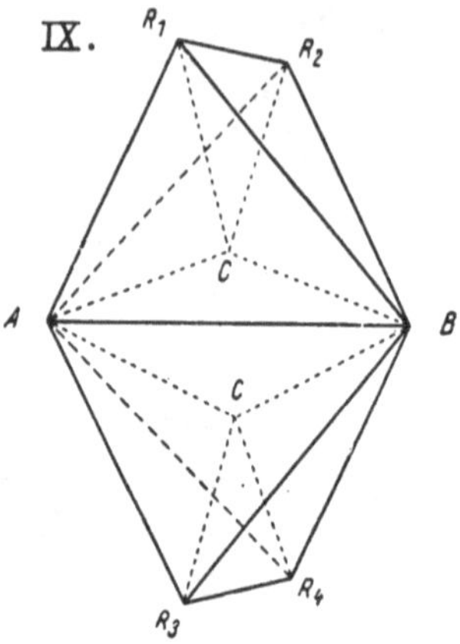

Abb. 5

In der gleichen Arbeit hat van't Hoff noch eine andere Art von Isomerie erklärt, und zwar ebenfalls mit Hilfe des tetraedrischen Kohlenstoffs. Hier handelt es sich um eine Isomerie, die bei Verbindungen mit doppelt gebundenem Kohlenstoff ziemlich häufig vorkommt. Ein lange bekanntes Beispiel ist die Isomerie zwischen Fumarsäure und Maleïnsäure. Fumarsäure ist im Erdrauch, fumaria officinalis, enthalten, Maleïnsäure ist nur synthetisch zugänglich und schwer giftig. Beide sind in allen Eigenschaften grundverschieden. Und doch haben sie die gleiche Strukturformel, denn durch Anlagerung von Wasserstoff gehen sie beide in Bernsteinsäure über. Am räumlichen Modell sieht man sofort, worauf diese Isomerie zurückzuführen ist. Wir wollen das an der Originalabbildung von van't Hoff zeigen (Abb. 5). Die Doppelbindung wird dadurch symbolisiert, daß zwei Tetraeder mit einer Kante *AB* aneinander liegen. Die freie Drehbarkeit zwischen den beiden Kohlenstoffatomen ist dadurch aufgehoben, und die Lage der vier restlichen Atome R_1, R_2, R_3 und R_4 fixiert. Isomerie kann immer auftreten, wenn die beiden Atome oder Atomgruppen an jedem Kohlenstoffatom verschieden sind. Bei den Isomeren muß man sich die beiden Gruppen R_1 und R_2 ausgetauscht denken. Auch hier wird also wieder eine geometrische Erscheinung mit einer chemischen verknüpft.

Die kleine Schrift mit dem langen Titel fand zunächst gar keine Beachtung. Ein experimentell veranlagter Chemiker würde nun an Hunderten von Beispielen gezeigt haben, daß seine Theorie zutrifft. Nicht so van't Hoff. Er erkannte ganz richtig, daß die erste Darstellung seiner Theorie allzu primitiv ausgefallen war, wenn sie auch für uns gerade dadurch einen besonderen Reiz besitzt. Auch die Abfassung in holländischer Sprache verhinderte eine größere Verbreitung der Schrift. Sie wurde daher zunächst einmal ins Deutsche übersetzt. Dann wurde eine französische Ausgabe in erweiterter Form verfaßt, die unter dem Titel „La chimie dans l'espace" erschien. Ein endgültiger Erfolg trat aber erst ein, als eine deutsche Übersetzung unter dem Titel „Die Lagerung der Atome im Raume", versehen mit einem Geleitwort des bekannten Würzburger Professors Johannes Wislicenus, in der wissenschaftlichen Welt bekannt wurde. Der junge Verfasser verdankte seinen nun aufsteigenden Ruhm zum Teil einem grotesken Donnerwetter, das der kampflustige Leipziger Professor Kolbe über das Werk niedergehen ließ. Er leistete sich dabei den folgenden, nicht besonders geschmackvollen Scherz: „Ein Dr. J. H. van't Hoff, an der Tierarzneischule zu Utrecht angestellt, findet, wie es scheint, an exakter chemischer Forschung keinen Geschmack. Er hat es bequemer erachtet, den Pegasus zu besteigen (offenbar der Tierarzneischule entlehnt) und in seiner ‚La chimie dans l'espace' zu verkünden, wie ihm auf dem durch kühnen Flug erklommenen chemischen Parnass die Atome im Weltraume gelagert erschienen sind." Natürlich wollte nun jeder das so jämmerlich gemaßregelte Werk lesen, und so begann die Verbreitung der Theorie.

Interessant ist vielleicht noch, wie van't Hoff später aus der Erinnerung die Entstehung seines Grundgedankens darstellte: „Als ich seinerzeit die Wislicenussche Abhandlung über die Milchsäure in der Utrechter Bibliothek studierte, habe ich das Studium auf halbem Wege unterbrochen, um einen Spaziergang zu machen, und es war während dieses Spazierganges, daß unter dem Einfluß der frischen Luft der Gedanke an das asymmetrische Kohlenstoffatom bei mir aufgestiegen ist."

1877 konnte der 25jährige Gelehrte seine schon erwähnte Stellung als Assistent an der Tierarzneischule zu Utrecht, die nicht in jeder Beziehung ideal war, verlassen. Er wurde an die neubegründete Universität Amsterdam berufen. Dort wirkte er bis 1896. Es war seine fruchtbarste Schaffensperiode. Bereits seine Amsterdamer Antrittsrede über „Die Phantasie in der Wissenschaft" ist außerordentlich originell. Leider ist sie uns nur als Auszug im Telegrammstil erhalten. Die taktlose Bemerkung von Kolbe, van't Hoff habe sich aus Scheu vor experimenteller Arbeit seiner Phantasie zügellos hingegeben, hatte ihn mit Recht sehr gekränkt. Nun ging er zum Gegenangriff über. Er wies nach, daß die Phantasie sowohl bei der zweckmäßigen Anordnung des Experiments, als auch bei seiner Deutung unentbehrlich ist, und daß eine große Zahl gerade der erfolgreichsten Forscher künstlerisch veranlagt war.

In Amsterdam entstanden dann die „Ansichten über die organische Chemie". van't Hoff hat sich stets nur für allgemeine Gesetzmäßigkeiten interessiert, fast nie für Einzelreaktionen. Obgleich er als Organiker begann, hat er wohl nie eine neue Verbindung entdeckt. Die Lehre vom asymmetrischen Kohlenstoffatom umfaßte nur einen Teil der organischen Chemie. Nun aber wollte er den allgemeinsten Gesetzmäßigkeiten dieses Zweiges der Wissenschaft nachspüren, d. h. er wollte die Beziehungen zwischen Struktur und chemischen Eigenschaften der Verbindungen kennenlernen. Es waren etwa die gleichen Probleme, die wir heute in der theoretischen organischen Chemie zu lösen versuchen, ausgerüstet mit den Kenntnissen von Atom- und Molekelbau, die uns die moderne Physik vermittelt hat. Wer die Schwierigkeiten kennt, die sich auch heute noch der theoretischen Durchdringung der organischen Chemie entgegenstellen, der wird auch verstehen, warum van't Hoff mit seinen Problemen nicht weiterkam, da ihm jene Grundlagen nicht zur Verfügung standen. Einen Erfolg hatte die Arbeit aber doch. Der Forscher wurde dadurch auf ein Gebiet geführt, das ihn bald intensiv beschäftigen sollte, nämlich auf die chemische Dynamik. Seine Ansichten darüber legte er später in seinem berühmten Buch „Etudes de dynamique chimique" nieder.

In der Physik ist Dynamik die Lehre von den Bewegungen und Geschwindigkeiten. Es ist allgemein bekannt, was man unter einer physikalischen Geschwindigkeit versteht. Es ist der in der Zeiteinheit zurückgelegte Weg s/t. Ein fallender Stein ändert aber in jedem Augenblick seine Geschwindigkeit, nur innerhalb von unendlich kleinen Zeitabschnitten hat die Geschwindigkeit einen definierten Wert, der Mathematiker drückt das mit dem Zeichen ds/dt aus. Ähnlich verhält es sich nun mit der chemischen Geschwindigkeit. Sie bedeutet allerdings etwas ganz anderes als die physikalische Geschwindigkeit. Es wird kein Weg zurückgelegt, sondern die Konzentrationen der reagierenden Stoffe ändern sich in der Zeiteinheit um bestimmte Werte. Die chemische Geschwindigkeit ist gleich c/t. Aber auch sie ist selten gleichförmig, sondern ändert sich in jedem Augenblick gesetzmäßig. van't Hoff gelang es nun, diese Erscheinungen vollständig und allgemein mathematisch zu formulieren. „Es ist unglaublich, was van't Hoff mit seinen beschränkten mathematischen Kenntnissen leistet", meinte damals ein Mathematiker. In einigen ganz einfachen Fällen hatte man zwar schon vorher erkannt, daß die Geschwindigkeit von der Konzentration gesetzmäßig abhängt, van't Hoff aber entdeckte zum ersten Mal, daß die Geschwindigkeit nicht von der Zahl der reagierenden Stoffarten bestimmt wird, sondern von der Zahl der reagierenden Molekeln. Mißt man umgekehrt die Änderung der Geschwindigkeit mit der Zeit, so kann man aus den van't Hoffschen Formeln berechnen, wieviele Molekeln daran beteiligt sind. Das war ein großer Fortschritt für die theoretische Chemie, aber ebenso bedeutend waren die neuen Ideen über das chemische Gleichgewicht.

Eine Waage befindet sich im physikalischen Gleichgewicht, wenn die Gewichte auf beiden Waagschalen genau gleich sind. Wenn die Waage ausgeschwungen hat, ruht der Zeiger auf dem Nullpunkt. Dann findet keine Bewegung mehr statt. Entsprechend bezeichnet man als chemisches Gleichgewicht den scheinbaren Ruhezustand, wenn keine chemische Geschwindigkeit zu beobachten ist. Der Zustand wird dadurch hervorgerufen, daß zwei in entgegengesetzter Richtung verlaufende Vorgänge genau die gleiche Geschwindigkeit besitzen. Dann haben die Konzentrationen der Reaktionsteilnehmer eine gleichbleibende Größe, die aber erfahrungsgemäß von der Temperatur abhängt. Das Problem lautete nun: Nach welcher mathematischen Formel hängen Temperatur und Lage des Gleichgewichts zusammen?

Und jetzt trat wieder das ein, was wir als Kennzeichen großer naturwissenschaftlicher Entdeckungen genannt haben: Die Kombination zweier weit auseinanderliegender Erscheinungsgruppen. Die Gruppe von Tatsachen, die van't Hoff mit der Lage des chemischen Gleichgewichts kombinierte, gehörten der physikalischen Wärmelehre, der Thermodynamik an. Sie umfaßte damals zwei Hauptsätze. Der erste beschäftigt sich mit der Umwandlung der verschiedenen Energiearten im Hinblick auf die dabei festgestellten Äquivalente. Der zweite nennt die Bedingungen, unter denen solche Umwandlungen möglich sind. Nun wußte man zwar schon vor van't Hoff, daß die chemischen Reaktionen auch eine besondere Art von Energie erzeugen, aber kaum jemand hatte versucht, das für die Theorie des chemischen Gleichgewichts auszunutzen. Das wichtigste Ergebnis von van't Hoff war die mathematische Formel, welche den Zusammenhang zwischen der Reaktionstemperatur, der auftretenden Reaktionswärme und der Lage des Gleichgewichts feststellt. Aus dieser Formel folgt unter anderem, daß bei Erhöhung der Temperatur diejenigen Reaktionspartner an Konzentration zunehmen, bei deren Bildung Wärme verbraucht wird.

Die letzte große theoretische Entdeckung der Amsterdamer Zeit war dann die Feststellung, daß Gasdruck und osmotischer Druck in naher Beziehung zueinander stehen. Der französische Abbé Nollet hatte im Jahre 1748 folgenden merkwürdigen Versuch angestellt, der mehr auf einem Zufall beruhte (Abb. 6). Er füllte ein zylindrisches Gefäß mit Alkohol, band es mit einem angefeuchteten Stück Schweinsblase zu und stellte das Ganze in ein großes Gefäß mit Wasser. Zu seiner Überraschung begann die Membran allmählich, sich vorzuwölben, und es entstand in dem kleinen

Gefäß ein erheblicher Überdruck. Durchstach man die Membran mit einer Nadel, so spritzte der Alkohol mit erheblicher Wucht heraus. Das war die erste Beobachtung eines osmotischen Druckes. Nollet fand sogar gleich die richtige Deutung: Die Membran läßt das Wasser leichter hindurchtreten als den Alkohol, deshalb strömt mehr Wasser in das kleine Gefäß als Alkohol heraus. Später wurde der gleiche Effekt mit wäßrigen Lösungen erzielt, und man bemerkte, daß der osmotische Druck in pflanzlichen und tierischen Zellen eine wichtige Rolle spielt. Die Zellwände haben die Eigenschaft einer halbdurchlässigen Membran, sie lassen Wasser hindurch, aber nicht andere Arten von Molekeln. Es war deshalb kein Zufall, daß es ein Pflanzenphysiologe war, der sich zuerst die Aufgabe stellte, die Größe des osmotischen Druckes exakt zu messen. In Anlehnung an ältere Versuche von Moritz Traube baute sich Pfeffer eine stabile Apparatur, an der die Größe des osmotischen Druckes als Höhe einer Wassersäule abgelesen werden konnte. Die gefundenen Drucke einer einprozentigen Zuckerlösung waren überraschend hoch.

Abb. 6

van't Hoff verwandelte nun das Ganze in einen Gedankenversuch (Abb. 7). Er stellte sich die halbdurchlässige Membran als eine Art Kolben ausgebildet vor, unten befand sich die Lösung, darüber stand das reine Wasser. Er fragte sich nun: Welche Arbeit wird geleistet, wenn der osmotische Druck den Kolben nach oben drückt, oder umgekehrt, welche Arbeit muß aufgewandt werden, um ihn gegen den osmotischen Druck nach unten zu bewegen? „Da fiel mir auf", so schrieb er später, „daß mit der halbdurchlässigen Wand sämtliche reversiblen Umwandlungen, die bei Gasen die Anwendung der Thermodynamik so wesentlich erleichtern, auch für Lösungen durchführbar sind." Mit dieser Erleuchtung des Forschers war die Verbindung zwischen dem

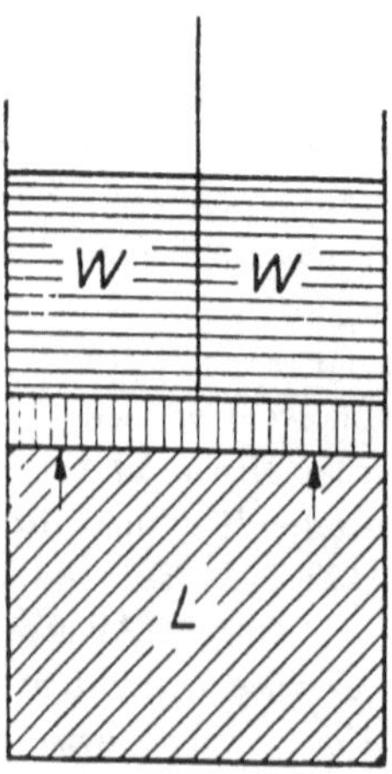

Abb. 7

Gasdruck und dem osmotischen Druck hergestellt. Ja, eine Betrachtung der Pfefferschen Versuche zeigte sogar, daß die Konstanten in beiden Fällen einigermaßen übereinstimmten. Das bedeutet ein fundamentales Ergebnis. Die gelösten Molekeln üben denselben osmotischen Druck aus, den sie im gleichen Raume als Gasmolekeln in Form des Gasdrucks ausüben würden.

An dieser Übereinstimmung ist nicht zu rütteln. Das sagt aber noch nichts darüber aus, was bei der Entstehung des osmotischen Druckes eigentlich vor sich geht. Denn Thermodynamik und molekularer Mechanismus haben grundsätzlich nichts miteinander zu tun. van't Hoff selbst schrieb darüber: „Aber auch die Ursache dieses osmotischen Druckes rückt jetzt näher ans Licht. Bei Gasen sind es die elastisch gegen die Gefäßwand prallenden Moleküle, welche den Gasdruck veranlassen; sind es in der Pflanzenzelle die gelösten Moleküle, welche dasselbe tun, weil sie nicht durch die Tonoplastenwand hindurchkönnen?" Ganz wohl war ihm aber bei dieser Deutung nicht, sonst hätte er nicht das Fragezeichen an den Schluß gesetzt. Später freilich ließ man dies Fragezeichen einfach weg und machte sich weiter keine Gedanken darüber. Erst mein verstorbener Greifswalder Kollege Karl Fredenhagen wies in den dreißiger Jahren immer wieder darauf hin, daß eine unmittelbare Analogie im Mechanismus von Gasdruck und osmotischem Druck ganz unmöglich ist, ohne allerdings zu seinen Lebzeiten damit richtig durchzudringen. Denken wir doch nur daran, wieviel geringer die kinetische Energie von gelösten Molekeln gegenüber der von Gasmolekeln ist. Sie können überhaupt keinen Druck auf die Membran ausüben, weil sie das kaum ausdehnbare Lösungsmittel ja nicht verlassen können. Wahrscheinlich war der alte Nollet der Wahrheit schon ganz nahe. Der osmotische Druck wird nicht von der Lösung ausgeübt, sondern vom reinen Lösungsmittel. Dieses durchströmt die Membran rascher als die Lösung, weil die Bewegungen der gelösten Molekeln für das Durchströmen erfolglos sind.

In die Amsterdamer Zeit fällt auch die Gründung der Zeitschrift für physikalische Chemie. Im Laufe des Jahres 1886 hatte ein deutscher Verlag sich an van't Hoff mit dem Vorschlag gewandt, eine Zeitschrift für physikalische Chemie ins Leben zu rufen und selbst herauszugeben. Ähnliche Gedanken hatte Wilhelm Ostwald schon seit längerer Zeit gehegt und war schon im Begriff, seine Pläne zu verwirklichen. Als er von der Aufforderung an seinen ihm befreundeten Kollegen hörte, schlug er ihm vor, die Zeitschrift gemeinsam zu begründen und herauszugeben, um eine Zersplitterung zu vermeiden. Und so geschah es denn auch. Wer muß hier nicht an die bedauerliche Tatsache denken, daß jene glückhafte Einigung vor nicht allzu langer Zeit wieder zerstört wurde, und daß es nunmehr zwei deutsche Zeitschriften für physikalische Chemie gibt? Vielleicht ließ sich diese Zersplitterung nicht vermeiden, aber den geschichtlichen Betrachter stimmt sie traurig.

Vielleicht ist es für uns von Interesse, etwas über die Vorgänge zu hören, die schließlich zur Berufung van't Hoffs an die damalige Preußische Akademie der Wissenschaften führten. 1894 war der Berliner Physiker Kundt gestorben, und es war der Wunsch der Fakultät, van't Hoff als seinen Nachfolger zu berufen. Max Planck fuhr nach Amsterdam und hatte den Erfolg, daß van't Hoff sich zu unmittelbaren Verhandlungen mit Althoff, dem bekannten Geheimrat im Berliner Kultusministerium bereit erklärte. Solche Verhandlungen fanden auch statt. Althoff, der gewiß nicht leicht zu erschüttern war, soll hinterher in den bewundernden Ruf ausgebrochen sein: „Dieser Holländer ist mir über!" Trotzdem kam es nicht zu einer Berufung. van't Hoff fühlte sich wohl den großen Unterrichts- und Verwaltungsaufgaben in Berlin nicht mehr gewachsen. Durch Überanstrengung war eine gewisse Müdigkeit bei ihm entstanden. „Wenn man fast 20 Jahre lang, jedes Jahr aufs neue, gelehrt hat, daß Kaliumpermanganat oxydierend wirkt, dann fängt das einen zu langweilen an", so klagte er um jene Zeit. Er sehnte sich nach einer Stellung, in der es seine Pflicht wäre, zu forschen, und in der er auch je nach Lust und Muße unterrichten durfte. Seit 1895 war die Berliner Akademie, insbesondere Max Planck und Emil Fischer, bemüht, ihm eine solche Stellung zu verschaffen, und ihn dadurch doch noch für Berlin zu gewinnen. Im März 1896 war es dann so weit. Es wurde ihm im Rahmen der Akademie die Möglichkeit zur Forschung geschaffen, und er hatte lediglich die Verpflichtung, eine Wochenstunde Vorlesung zu halten. Selbstverständlich wurde er gleichzeitig zum ordentlichen Mitglied der Akademie ernannt.

So war er nun in eine Stellung berufen, die in jeder Weise nach seinem Herzen war. Er hatte deshalb den begreiflichen Wunsch, sich irgendwie dankbar zu zeigen. Deutschland hatte damals die einzigen Kalilager, die es in der Welt gab. Die Arbeiten, welche van't Hoff nun in Angriff nahm, zielten darauf ab, die geologische Bildung dieser Lagerstätten dem Verständnis näher zu bringen, und dadurch der deutschen Kaliindustrie zu nützen. Es galt, auf experimentellem Wege die Frage zu beantworten: Welche Salze und Doppelsalze bilden sich, wenn man die Einzelsalze, aus denen sich die Staßfurter Kalilager aufbauen lassen, in beliebigen Mengen in Wasser löst und das Gemisch bei konstanter Temperatur eindampft? In welcher Reihenfolge und in welcher Menge treten diese Stoffe auf? Welche Rolle spielen Zeit, Temperatur und Druck bei diesen Vorgängen? Obgleich die Untersuchungen durch Verzögerungserscheinungen häufig gestört wurden, gelang es doch, das Problem umfassend und vollständig zu lösen. Die Ergebnisse wurden schließlich in einem zweibändigen Werke zusammengefaßt: „Zur Bildung der ozeanischen Salzablagerungen". Das Werk hat der Kaliindustrie die Wege gewiesen, wie man die rohen Kalisalze aufarbeiten muß, wenn man zu bestimmten gereinigten Salzen gelangen will.

Nach Beendigung dieser Arbeiten wollte der unermüdliche Forscher sich noch einem neuen, heute hochaktuellen Gebiete widmen. Er wollte die synthetischen Leistungen der Fermente im lebenden Pflanzenorganismus näher studieren. Aber es kam nicht mehr dazu. Ein jahrelanges, tückisches und unheilbares Leiden machte jede Forschungsarbeit unmöglich. Es gibt aus diesen Jahren der Krankheit eine kleine Abhandlung, „Sanatoriumsbetrachtung", in der van't Hoff feststellt, daß bei ihm, im Gegensatz zum gesunden Menschen, bei körperlicher Leistung die Körpertemperatur abnahm. Daran knüpfte er ausführliche thermodynamische Betrachtungen. Die Schrift ist nicht so sehr wegen ihres wissenschaftlichen Inhalts von Bedeutung, sondern vielmehr als Zeugnis für die Einstellung des Forschers zum Tode. Wer sein eigenes tödliches Leiden zum Objekt seiner Forschung macht und sich dadurch freiwillig in den notwendigen Naturablauf einordnet, der ist ein echter Philosoph.

Wir kommen zum Schluß auf unser Thema zurück und stellen die Frage: Welches war die Bedeutung van't Hoffs für die theoretische Chemie? Die Antwort muß lauten: Er hat die Welt mit einer Anzahl von umfassenden Theorien beschenkt, die noch heute in der Chemie eine unverminderte Bedeutung haben.

Literatur

Ernst Cohen, Jacobus Henricus van't Hoff, sein Leben und Wirken. Akad. Verlagsgesellschaft, Leipzig 1912.

Wilhelm Ostwald, Z. physik. Chem. *31* (1899); Ber. dtsch. chem. Ges. *44*, 2219 (1911).

Emil Fischer, Gedächtnisrede auf J. H. van't Hoff, gehalten am 29. 6. 1911. Abhandlungen der königl. Preußischen Akademie der Wissenschaften zu Berlin vom Jahre 1911.

Abbildungen

Abb. 1, 4, 5 und 6 aus: E. Cohen, a. a. O., S. 37, 74, 80 und 207.

Abb. 2 aus: Bildnisse berühmter Mitglieder der Deutschen Akademie der Wissenschaften zu Berlin, Akademie-Verlag, Berlin 1950.

Abb. 3 aus: G. Bugge, Das Buch der großen Chemiker, Band II, S. 392. Verlag Chemie. Berlin 1930.

Abb. 7 aus: W. Nernst, Theoretische Chemie vom Standpunkt der Avogadroschen Regel und der Thermodynamik, S. 136. Verlag F. Enke, Stuttgart 1921.

GEORG OLÁH

Einführung in die theoretische organische Chemie

Band I: Theoretische Grundlagen der organischen Chemie
Übersetzung aus dem Ungarischen
Neubearbeitete und erweiterte deutsche Auflage unter Mitwirkung von Attila Pavláth

(Scientia Chimica, Band 11)

1960. VIII, 345 Seiten – 71 Abbildungen, davon 9 auf 5 Kunstdrucktafeln
45 Tabellen – gr. 8° – Ganzleinen 35,– DM

Der Verfasser schildert im ersten Band die Entwicklung, die die Anschauung vom Bau des Atoms in unserem Jahrhundert seit den ursprünglichen Vorstellungen von Rutherford und Bohr bis zur heutigen Wellenmechanik durchlaufen hat.
Darauf aufbauend entwickelt er die Theorie der chemischen Bindung und bespricht eingehend die einzelnen Bindungstypen. Den Besonderheiten der konjugierten Verbindungen und den beim induktiven und Konjugations-Effekt auftretenden Elektronenverschiebungen werden je ein Kapitel gewidmet. Aus diesen Grundlagen leitet er den Zusammenhang zwischen den physikalischen Eigenschaften der Verbindungen und ihrer Struktur ab und bespricht abschließend die thermodynamischen und reaktionskinetischen Grundlagen der organisch-chemischen Reaktionen, die zu den im zweiten Band behandelten Reaktionsmechanismen überleiten.

Bestellungen durch eine Buchhandlung erbeten

AKADEMIE-VERLAG · BERLIN

BOŘIVOJ KEIL, VLASTIMIL HEROUT, MIROSLAV PROTIVA,
MILOŠ HUDLICKÝ, IVAN ERNEST, JIŘI GUT

Laboratoriumstechnik der organischen Chemie

Übersetzung aus dem Tschechischen

In deutscher Sprache bearbeitet und ergänzt herausgegeben von H. Fürst

1961. XIV, 789 Seiten – 527 Abbildungen, davon 2 auf 2 mehrfarbigen Tafeln
1 Falttafel – 56 Tabellen – gr. 8° – Lederin 60,– DM

Die präparative organische Chemie ist durch die Anwendung von geeigneten Arbeitsmethoden in den letzten Jahrzehnten wesentlich gefördert worden. Die zahlreichen Arbeitsmethoden, Beschreibungen von Apparaten und praktischen Erfahrungen sind außer in den bekannten Lehrbüchern nur in der weit verstreuten Literatur zu finden. Die Verfasser haben daher aus ihrer Laboratoriumserfahrung heraus eine große Auswahl der besten und bekanntesten Laboratoriumsmethoden und Beschreibungen von praktischen Apparaten und Vorschriften zusammengetragen und in diesem Buch veröffentlicht. Sie sind Spezialisten für einzelne moderne Arbeitsverfahren, wie die chromatographischen Methoden einschließlich der Gaschromatographie, Destillation und Rektifikation, Extraktion und Verteilung, elektrochemische Trennungen und Adsorption.
Ferner enthält das Werk Kapitel über Reinigung, Kristallisieren, Aussalzen und Fällen, Verdampfen und Gefriertrocknen sowie die rein mechanischen Operationen, wie Mahlen, Sieben, Rühren, Heizen, Arbeiten unter Druck im Vakuum, mikrochemische Methoden und Labormaterial.

Bestellungen durch eine Buchhandlung erbeten

THEORIA CUM PRAXI

AKADEMIE-VERLAG · BERLIN

FSC
www.fsc.org
MIX
Papier | Fördert
gute Waldnutzung
FSC® C083411

Zeitfracht Medien GmbH
Ferdinand-Jühlke-Straße 7
99095 Erfurt, Deutschland
produktsicherheit@kolibri360.de